狂野

动物科学家

[英]史蒂夫·莫德 著   [英]约翰·德福里奥 绘

王浩 译

科学普及出版社

·北京·

Original Title: Wild Scientists: How animals and plants use science to survive

Copyright © Dorling Kindersley Limited, London, 2020
Text copyright © Steve Mould, 2020
A Penguin Random House Company

图书在版编目（CIP）数据

狂野动物科学家 /（英）史蒂夫·莫德著；（英）约
翰·德福里奥绘；王浩译. -- 北京：科学普及出版社，
2022.10
书名原文：Wild Scientists: How animals and
plants use science to survive
ISBN 978-7-110-10456-9

Ⅰ. ①狂… Ⅱ. ①史… ②约… ③王… Ⅲ. ①动物－
青少年读物②植物－青少年读物 Ⅳ. ①Q95-49
②Q94-49

中国版本图书馆CIP数据核字(2022)第116325号

策划编辑　邓　文
责任编辑　梁军霞
图书装帧　金彩恒通
责任校对　吕传新
责任印制　李晓霖

科学普及出版社出版
北京市海淀区中关村南大街16号　邮政编码：100081
电话：010-62173865　传真：010-62173081
http://www.cspbooks.com.cn
中国科学技术出版社有限公司发行部发行
广东金宣发包装科技有限公司印刷
开本：889mm×1194mm　1/16　印张：4.5　字数：100千字
2022年10月第1版　2022年10月第1次印刷
ISBN 978-7-110-10456-9/Q · 277
印数：1—10000册　定价：68.00元

For the curious
www.dk.com

目录

生物学家

工程师

数学家

发明家

前言

你的身体就是一台机器，而且是一台最为精密、神奇、不可思议的机器！机器里面装有杠杆、铰链，甚至还有几个滑轮——就在你的膝盖里。与人类一样，动物也解决了很多工程学难题，比如如何快速奔跑、如何保持平衡、如何跳

史蒂夫·莫德

跃，等等。自然界里充满了许许多多巧妙解决技术问题的例子，有些很奇怪，有些甚至很可怕，但所有这些都是通过一个叫作"演化"的过程，历经数百万年的反复试验，才最终形成的！本书汇集了自然界中最聪明的化学家、物理学家、生物学家、工程师，以及数学家！

物理学家注重研究能量和控制我们周围世界的力。蝙蝠觅食的方式与声波有关，而变色龙已经掌握了改变颜色的光能物理学。

物理学家

工程师

与科学家相遇

工程师是建筑大师。在本章你会遇到一些卓有成就的建筑师，从建造水坝的海狸，到编织蛛网的蜘蛛。你甚至会发现小小的昆虫可以利用它们身体里的机械齿轮跳跃。

生物学家

大自然的生物学家对周围的动植物有着惊人的了解。请准备迎接鼠兔植物学家，它们知道什么时候植物可以安全食用；而辣椒对某些动物来说却是难得的美味。

你可能认为人类是唯一能够运用数学的生物，但是有些动物，甚至是有些植物，也能够如此！从蜜蜂的蜂巢到向日葵螺旋，你会找到它们是如何解决自然界的棘手问题的答案。

爆炸、强力胶和假气味只是本章呈现的一部分化学"小把戏"。化学家研究化学物质和它们之间的反应，甚至斑马身上的条纹也是化学反应造成的。

数学家

本书分成几章，包括物理、化学、生物、工程学和数学。你会在各个领域遇到相应的动植物专家，还可以发现人类是如何向它们学习的！

化学家

发明家

有时候我们发现一些动植物拥有令人惊叹的特质，而我们则模仿它们以求学习！这就是仿生学。在每一章中，你都会发现人类受大自然启发而来的一项发明。

色彩

豹变色龙

平静的变色龙通常是绿色的，能够融入环境背景中，起到伪装的作用。

变色龙

变色龙有时候会为了争夺领地而发生冲突。打斗时它们的体色会发生变化。鲜艳的颜色通常是富有侵略性的表现，而暗淡的颜色意味着"我认输了"。

不同的变色龙可能有不同颜色的条纹。这只变色龙有红色条纹，另一只有蓝色条纹。

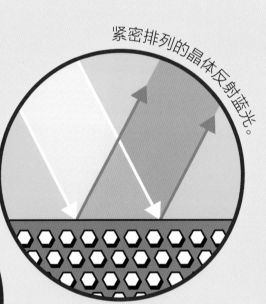

紧密排列的晶体反射蓝光。

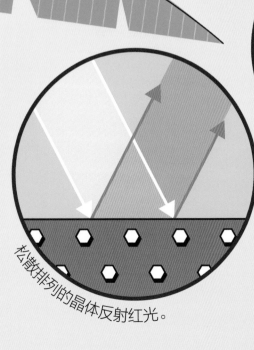

松散排列的晶体反射红光。

变化的晶体

变色龙的皮肤中含有一种色素细胞，让变色龙具有特定的颜色。变色龙的皮肤内还含有受控制的微小晶体，称为鸟嘌呤光子晶体。正常情况下，晶体被排列成紧密的结构，反射蓝光。然而，当变色龙的皮肤内晶体松散时，它们便会反射红光，从而改变皮肤的颜色。

变色龙以能够变色而闻名。你可能听说过，它们通过改变体色而与周围的环境融为一体，被称为保护色。不过，变色龙变色大多是为了和其他个体交流！

交流

雄性变色龙看到另一只雄性时，通常会改变颜色。

能够变色的生物

变色龙并不是唯一可以变色的生物，还有其他动物以不同的方式改变体色。

乌贼的体表覆盖着色素细胞，里面充满色素。每个色素细胞都能通过单独的肌肉控制而扩张或收缩，以此改变体色。

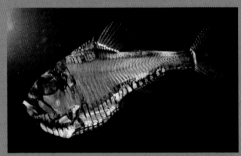

斧头鱼生活在深海。它们的皮肤里也有鸟嘌呤光子晶体，但这些晶体使光线向下折射，所以黑暗中的斧头鱼即使遇到亮光也不会反射，从而让它们得以躲开发光的捕食者。

水面滑冰运动员

水黾

  水黾（mǐn）遍布世界各地，在池塘的水面上活动。它们是食肉动物，如果其他昆虫掉进水里，水花溅起的涟漪会提醒水黾——猎物来了！

  水黾有一个神奇的本领——在水上行走。它是靠水的表面张力做到这一点的，表面张力使水面像蹦床一样富有弹性。

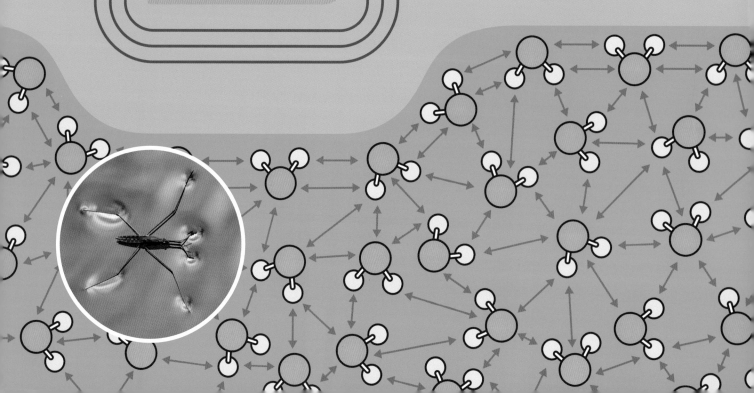

毛茸茸的脚

水黾的脚上长满了蜡质的纤毛，很难被水打湿。纤毛上黏附着大量气泡，与水的弹性表面相互排斥，因此水黾不会下沉——就像在许多充气玩具上行走一样。

水黾的脚上有成千上万根纤毛。

水黾

只有体重很轻的动物，才能在水面上行走而不破坏水面。

在水面上行走

还有其他动物也利用水面具有弹性这一特性。

水蜗牛可以倒挂在水面下方爬行！对它们来说，水面就像天花板一样。

捕鱼蛛冲破水面捕捉猎物。它们长着毛茸茸的脚，利用水的表面张力漂浮在水面上，就像水黾一样。

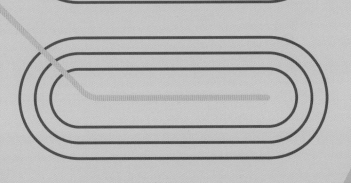

表面张力

水是由微小的水分子组成的，水分子之间相互吸引。水面上方没有其他水分子，所以位于水面的水分子彼此之间吸引力更强，这就是表面张力，由此形成了紧致、富有弹性的水面。

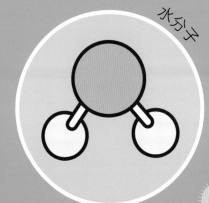

水分子

观星的蛴螂

　　与天文学家一样，蛴螂（qiāngláng）也花了很多时间仰望星空。但是，它们这么做是为了另一个原因：观察星空帮助甲虫沿直线前进，让它们能够精心收集、运输粪球！

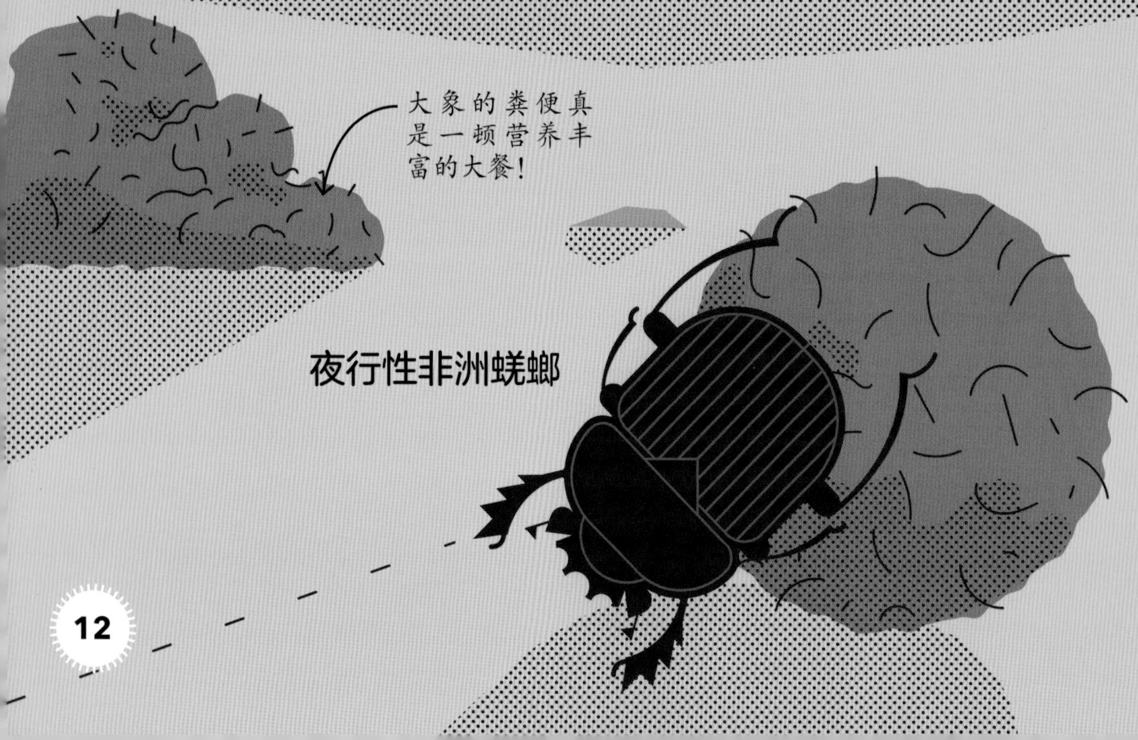

大象的粪便真是一顿营养丰富的大餐！

夜行性非洲蛴螂

蛴螂

　　蛴螂又叫屎壳郎，它们把卵产在大型动物的粪便中。当卵孵化后，幼虫会吃掉这些粪便！有些蛴螂把粪便团成球状，滚到安全的地方藏好，然后在里面产卵。

银河系是一个星系，包含了我们的星球和数十亿颗恒星。从地球上看，它就像一条横跨天空的乳白色亮带。

沿直线前进

粪球滚好后，蜣螂便会迅速带着它离开。这是为了防止其他蜣螂偷走粪球。最好的路线是沿着直线前进，为了做到这一点，蜣螂会参考银河系在天空中的位置。

蜣螂在移动时，保持银河系位于天空中的同一位置。

眺望天空

其他动物利用星空导航，但不同的物种选择不同的天体。

蛾子通过月亮辨别方向，它们在飞行时，保持同月亮之间的固定角度，这样便能沿直线飞行。然而，有时候蛾子会把灯光误认为月亮，便会绕着光源旋转飞舞。

庭园林莺利用星星指引方向。在寒冷的冬天，它们从欧洲或亚洲出发，长途迁徙前往非洲。

如果蜣螂不藏好粪球，另一只蜣螂可能会偷走它的战利品！

如果天空乌云密布，看不见星星，那么蜣螂就会迷路，一直在原地打转！

蜣螂为了保持方向正确，必须要通过星星导航。

大多数动物依靠结实的肌肉使劲地击打，但是想象一下，如果有一种方法可以储备能量，然后一次性释放出来——那会是怎样的一记重拳！雀尾螳螂虾就是这么做的。

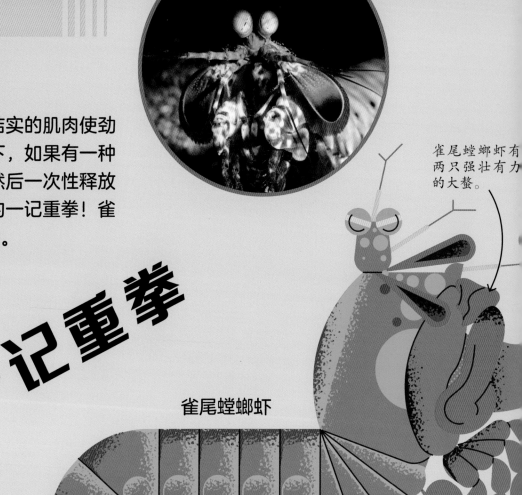

雀尾螳螂虾有两只强壮有力的大螯。

一记重拳

雀尾螳螂虾

动作分解

雀尾螳螂虾的"铁拳"非常强大，这是因为它使用了弹性能量。雀尾螳螂虾把这种能量储存在大螯的一块充满弹性的壳里。当大螯被向后拉动时，弹性壳便会弯曲，就像弓箭一样，随时准备出击。

弹性壳呈C形。

准备 在起始阶段，大螯折叠起来，处于锁定状态，弯曲的弹性壳储存着弹性能量。

弹射 将大螯弹射出去，并迅速弹回，速度像子弹一样快。

雀尾螳螂虾是致命的猎手。它们喜欢捕食其他甲壳类动物，如螃蟹，但首先它们必须打开猎物坚硬的壳。雀尾螳螂虾用棍棒一样的大螯迅速击打猎物。

储存起来的弹性能量不仅能被雀尾螳螂虾利用，对于没有肌肉的植物也尤其有用。

蕨类植物的繁殖方式是散布类似种子的孢子。有些蕨类植物从储存弹性能量的特殊细胞中释放孢子。

鼓虾猛然关闭强化的大螯，产生一串串在水中"爆炸"的气泡，致使猎物昏迷。鼓虾攻击发出的巨大响声，是动物界中最响亮的声音之一。

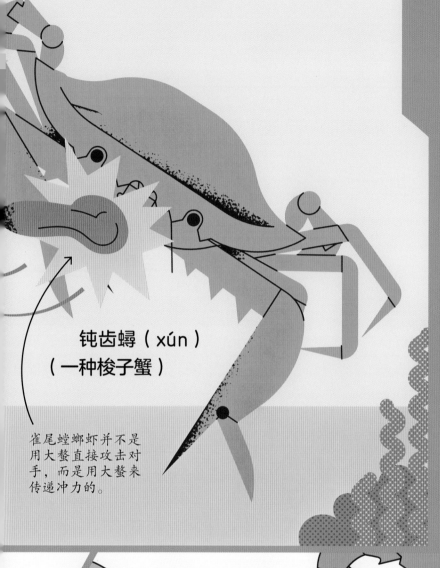

钝齿蟳（xún）
（一种梭子蟹）

雀尾螳螂虾并不是用大螯直接攻击对手，而是用大螯来传递冲力的。

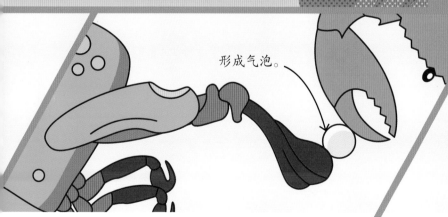

形成气泡。

撞击　大螯击打的力量十分强大，能把螃蟹的壳砸得粉碎。撞击的能量甚至能冲破海水，形成气泡。

气泡　这些气泡是低压气囊，只能维持一小会儿，然后就砰的一声破裂了。气泡破裂释放出的能量有助于进一步击碎螃蟹的壳。

15

人类主要依靠视觉来判断物体的位置。我们也可以通过听觉粗略地判断声源的方位。蝙蝠把这项技能提升到了一个全新的高度！

蝙蝠从嘴里发出声音，声波向外传播。

看见声音

大大的耳朵可以接收非常微弱的回声。

普通长耳蝠

蝙蝠

大多数蝙蝠在漆黑的夜晚外出活动，但它们不能通过视力看清四周环境。因此，蝙蝠发出声音，利用回声来构建周围环境的"图像"。

回声定位

蝙蝠从嘴里发出声音，声音以声波的形式在空气中传播，如果声波碰到四周的物体，就会反射回来形成回声，被蝙蝠的耳朵接收。蝙蝠利用回声定位来搜寻猎物。物体距离越远，声音往返的时间就越长。

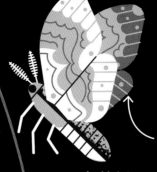

声波遇到物体便会反射回来，如蛾子等猎物。

赤荫蛾

反射回来的声波形成回声。

辨别方向

蝙蝠通过回声最先被哪只耳朵接收来辨别声音传来的方向。回声的方向帮助蝙蝠定位自身的飞行方向。

利用回声

回声定位在无法利用视觉的环境中非常有用。有些夜行动物利用这种导航系统，也有一些水生动物离不开它。

海豚利用回声定位在光线不足的水下探索。

油鸱（chī）利用回声定位在夜晚和它们生活的黑暗洞穴中导航。

17

鹅耳枥的折纸艺术

许多落叶树在年底前便开始萌发叶芽，准备在春天长出叶子。不过，这些叶子是如何蜷缩在小小的芽里的呢？答案是把叶子折起来！利用正确的折叠方式，叶片可以一次性平稳张开。

节省空间

在冬季到来之前，小小的叶芽便已形成，准备在适当的时候萌发，来迎接春天温暖的阳光。幼叶呈风琴折般蜷缩在芽里，等到生长的时候，向外展开、变平，长成成熟的叶片。

裹得紧紧的芽 早春的叶芽里包含了整片叶子的微型版本，小叶子紧紧地被折叠起来，外面被硬壳保护着。

展开叶脊 叶子通过叶脊被整齐地折叠在一起，如同交替排列的"波峰"和"波谷"。随着叶子的生长，折叠的叶脊逐渐展开。

无论是折叠翅膀还是展开新叶，许多生物都有能力把身体塞进狭小的空间里。

鹅耳枥

叶子张开时，
脊突变平。

蠼螋（qúsōu）的翅膀折叠起来，藏在背上的一个保护套里。

鹅耳枥

鹅耳枥的树叶通过叶脊折叠起来，叶脊就像折纸中的折痕。一开始，每片叶子都紧紧地折叠在叶芽里面，随着不断的生长，叶脊变平，叶子就长出来了。

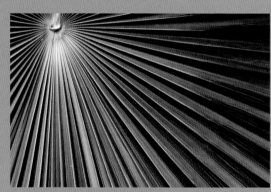

棕榈的叶片有点像鹅耳枥的树叶，但是更大更平，形成了一个宽阔的扇形表面。

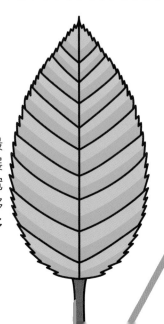

长成叶片 最终，叶子完全展开，变得扁平而宽阔。这种形状能够帮助植物接收更多的阳光。

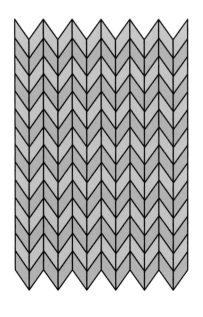

三浦折叠 鹅耳枥树叶的折叠方式和三浦折叠类似。这是一种特殊的折纸方法，只要拉动两端就可以完全打开。

蜗牛是黏液大师。足部分泌的黏液帮助蜗牛四处走动，也帮助它们附着在其他物体上。黏液是如何发挥作用的呢？

黏液时间

黏液能够保护蜗牛脆弱的腹足。

蜗牛

蜗牛的身体柔软湿润，通过肌肉发达的腹足爬行。当蜗牛在干燥或粗糙的表面上爬行时，会产生很大的摩擦力，因此它们需要一层滑溜溜的黏液帮助爬行。

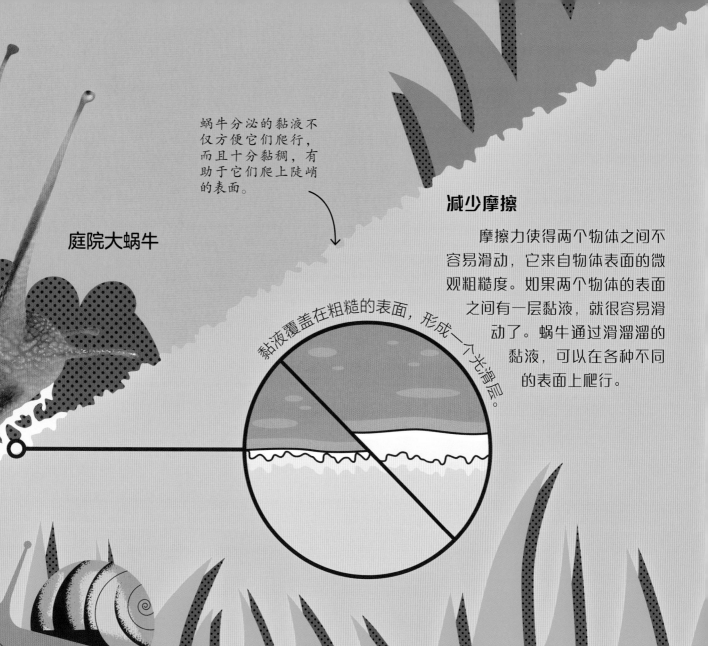

蜗牛分泌的黏液不仅方便它们爬行，而且十分黏稠，有助于它们爬上陡峭的表面。

庭院大蜗牛

黏液覆盖在粗糙的表面，形成一个光滑层。

减少摩擦

摩擦力使得两个物体之间不容易滑动，它来自物体表面的微观粗糙度。如果两个物体的表面之间有一层黏液，就很容易滑动了。蜗牛通过滑溜溜的黏液，可以在各种不同的表面上爬行。

黏液防御

滑溜溜的黏液便于行动，而且还是一种很好的对抗掠食者的防御手段——就像穿上了一层防护衣一样，使动物很难被掠食者抓住。

盲鳗在受到攻击时，会迅速分泌大量黏液。黏液能够堵塞鲨鱼和其他掠食者的鳃，帮助盲鳗逃脱。

小丑鱼生活在海葵的触手之间。海葵的触手上有毒刺。小丑鱼体表厚厚的黏液能防止它们被蜇刺。

鲨鱼皮

如果通过显微镜观察鲨鱼皮，可以看到上面布满了脊状突起。这种凹凸不平的表面使得藤壶和藻类难以附着，使鲨鱼的体表保持清洁。

安全表面

鲨鱼的皮肤很粗糙，因为上面覆盖着一层称为鳞突的脊状板。鳞突使得藤壶和海藻很难附着在鲨鱼身上。通常，细菌在粗糙的表面上生长良好，但通过仿照鲨鱼的皮肤纹理，科学家研制出一种细菌很难在其上生长的新型材料。

光滑表面　　　　　　粗糙表面

抗菌材料

科学家研制了一种类似鲨鱼皮的材料，不过他们把这种材料表面的脊突变得更小了。微型的脊状突起使得细菌难以附着。在医院，这种新型材料可以用于预防感染。

斑点还是条纹

动物世界中到处都是斑点和条纹！一些动物利用这些图案作为伪装；而另一些动物则将这些图案作为警告，向捕食者宣告：我很危险，别碰我！动物是怎么长出这些图案的呢？

大自然中的图案

根据动物的身体形状和化学物质移动的速度，可以形成不同的图案。

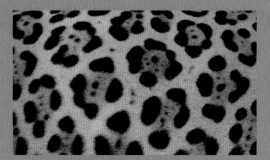

美洲豹的皮毛上长着玫瑰花状的环纹。在雨林斑驳的光线下，这种花纹很适合作为保护色。

皇冠河鲀的体表有迷宫般的图案，可能是警告捕食者它们有毒的一种方式。

斑马

没有人真正知道为什么斑马身上有独特的条纹。有些科学家认为，这种图案会迷惑叮咬的蚊蝇，使它们难以降落到斑马身上。

平原斑马

每匹斑马都有独特的条纹图案。

图灵模式

英国科学家艾伦·图灵(1912—1954年)提出了一个关于斑马条纹形成的理论。当斑马还在母体子宫里的时候，一种化学反应在它的皮肤上扩散开来，最终形成条纹。

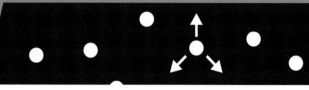

斑点出现 最开始，斑马的皮毛是全黑的。两种被称为形态发生素的化学物质形成条纹图案。第一种形态发生素会长出白色的斑点。

生长减缓 第二种形态发生素被称为抑制剂，比第一种形态发生素移动得更快。它包围了第一种形态发生素，并阻止它扩散得太远。

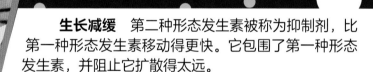

斑点融合 大块的白色斑点融合形成条纹，但是抑制剂阻止它们完全融合。当化学物质扩散时，条纹就出现了。

苏门答腊腐尸甲虫

腐肉 腐尸甲虫被腐肉散发出的臭味吸引。它们不仅喜欢吃腐肉，还在里面产卵。

① 升温 巨魔芋散发出一股像腐肉一样的气味，来吸引腐尸甲虫。它能升温至37℃，这有助于散发气味。

臭烘烘的科学家

许多植物通过提供甜甜的花蜜来吸引昆虫传粉。然而，巨魔芋骗取昆虫传粉，却没有给昆虫任何回报！

巨魔芋

巨魔芋每隔几年才开一次花，而且每次只开几天。雄花和雌花隐藏在一个超过2米高的穗状花序的底部。为了吸引传粉昆虫，它闻起来像腐肉！

巨魔芋

完美的伪装

化学模拟在自然界很常见。动植物互相模仿，以吸引猎物或欺骗传粉者，就像巨魔芋一样。

多花兰无论是看起来还是闻起来，都酷似雌蜂，从而将雄蜂吸引过来。雄蜂降落到一朵朵多花兰的花朵上，帮助它们传粉。

流星锤蜘蛛能够产生一种化学物质，气味很像雌蛾，被吸引而来的雄蛾就会被蜘蛛吃掉。

3 甲虫侦探　腐尸甲虫利用气味寻找腐肉。巨魔芋的可怕气味让它们上了当，腐尸甲虫以为自己找到了食物来源，蜂拥而至。

一旦通过甲虫的帮助完成传粉，巨魔芋的雌花就会结出果实。

2 臭袜子　巨魔芋散发出阵阵恶臭，其中包含引起脚臭等异味的化学物质。

4 传粉　腐尸甲虫顺着穗状花序向下爬，一直爬到花朵内部。雄花位于雌花的上方，腐尸甲虫在这里浑身沾满花粉。当腐尸甲虫离开时，它们便会将这些花粉带走，直到找到其他巨魔芋，完成传粉。

牢牢粘住

如果你曾经用胶水粘过东西，你就会知道粘合面必须是干干净净的，没有被打湿，否则就粘不牢了。那么，在水下生活的藤壶，它是如何把自己粘在岩石上的呢？答案是——化学反应！

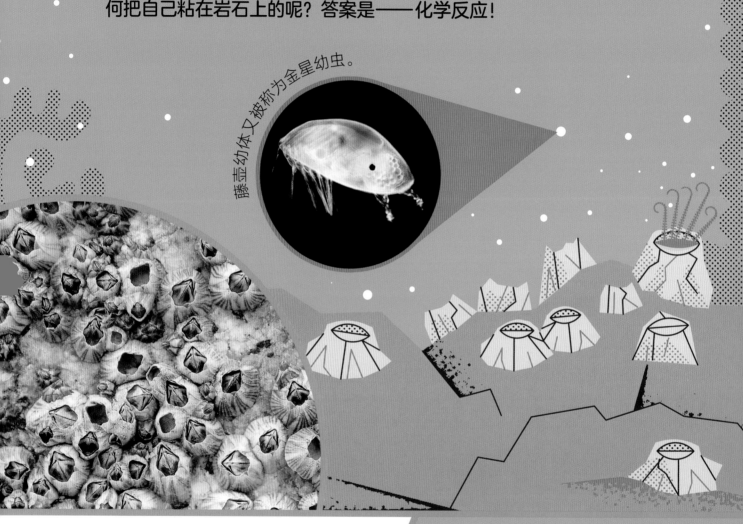

藤壶幼体又被称为金星幼虫。

藤壶胶

当一只藤壶幼体找到一块能够赖以生存的岩石时，它便会分泌出一种特殊的胶，将自己永久黏附在岩石上。然而，这种胶在潮湿的表面上不起作用，所以它得先去除水。

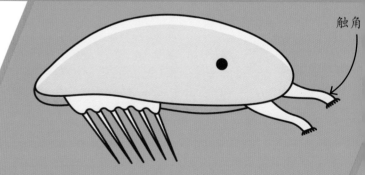

触角

随波逐流 藤壶幼体随着水流四处漂浮，寻觅一个能够永久定居的地方。它用两根触角来探测岩石，判定是否适合自己居住。

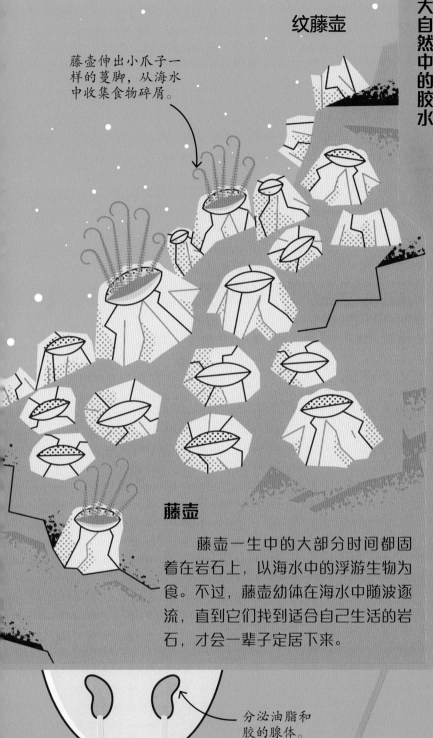

纹藤壶

藤壶伸出小爪子一样的蔓脚，从海水中收集食物碎屑。

藤壶

藤壶一生中的大部分时间都固着在岩石上，以海水中的浮游生物为食。不过，藤壶幼体在海水中随波逐流，直到它们找到适合自己生活的岩石，才会一辈子定居下来。

分泌油脂和胶的腺体。

油 找到合适的岩石之后，藤壶幼体会分泌一种油脂。油和水不能混合，所以岩石表面的水分被去除干净。

大自然中的胶水

动植物利用不同形式的胶将自己固定在表面上，它们也利用胶捕捉猎物。

蜘蛛可以产生不同种类的蛛丝，其功能也各不相同。用于织网的蛛丝上覆盖着微小的胶滴，可以捕捉小飞虫。

茅膏菜是一种食虫植物，它们分泌出大量的胶滴，能够牢牢粘住小昆虫，使猎物无法逃脱。

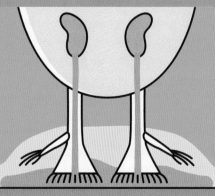

胶 在没有水的情况下，藤壶幼体便可以用胶把自己粘在岩石上。慢慢地，藤壶幼体就会长成成年藤壶。

可怕的

屁步甲

当屁步甲被捕食者攻击时，它会喷出滚烫的喷雾。屁步甲能够直接向袭击者喷射。即使青蛙把屁步甲吞进了嘴里，也会把它吐出来。

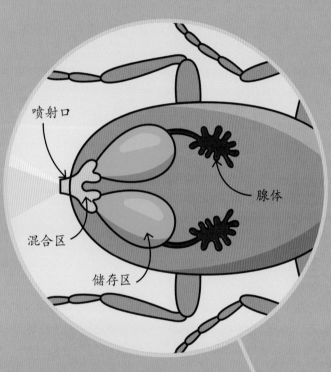

喷射口

腺体

混合区

储存区

混合化学物质

屁步甲在身体内合成不同的化学物质，当这些化学物质混合在一起时，会发生剧烈的化学反应。为了不对屁步甲本身造成伤害，这些化学物质单独储存在屁步甲体内的储存区。当屁步甲感觉有危险，才会在混合区将化学物质混合在一起，然后——"砰"！

化学反应产生大量的热量，使液体沸腾。膨胀的气体帮助液体喷射而出。

亚洲屁步甲

喷射

屁步甲真的很好吃——如果你是一只青蛙的话！为了保护自己不受捕食者的伤害，这种狡猾的甲虫发明了一种"爆炸性"的方法——它会像发射炮弹一样，喷出一团滚烫的液体。

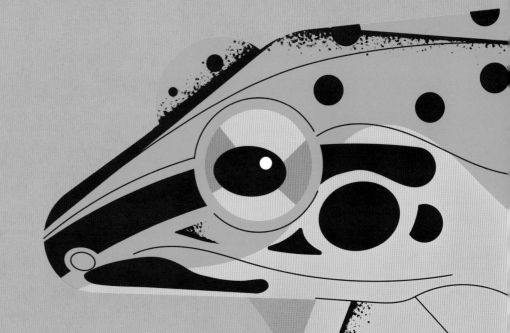

黑斑蛙

青蛙的舌头被喷雾烫伤了，真疼呀！

化学防御　　一些其他动物也知道如何制造危险的化学武器。有些化学物质口感糟糕，还有些散发出极其难闻的气味，捕食者最后只好逃之夭夭！

臭鼬从屁股里喷出臭气熏天的化学物质，让捕食者逃之夭夭。

瓢虫受到攻击时，会从足关节处释放出难闻的黄色液体。

不会结冰的鱼

鳄冰鱼

冰晶　当水结冰时，最开始是微小的冰晶，然后小冰晶变得越来越大。如果鱼的血液中形成冰晶，它的血液很快就会停止流动。

天然防冻剂　冰鱼的血液中含有一种称为抗冻蛋白的分子。这些分子附着在小冰晶上，阻止它们长大。

去往极寒之地（如南极）探险的人，有时会因为寒冷的气温而冻伤手指和脚趾。然而，有些鱼类却能在极寒的环境中生存。

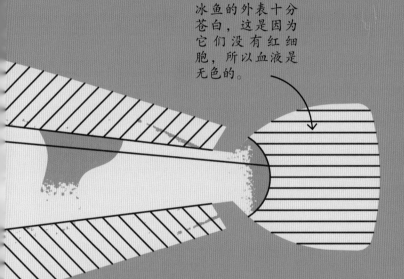

冰鱼的外表十分苍白，这是因为它们没有红细胞，所以血液是无色的。

冰鱼

冰鱼生活在南极洲附近的寒冷水域中，那里的温度可以降到0℃以下。水的冰点正是0℃，因此当温度降到0℃以下，水就会结冰。但是，冰鱼的血液中含有特殊的化学物质，可以防止它的身体结冰。

寒冷环境

许多动植物生活在寒冷的两极地区。它们必须适应环境，才能生存下来——那里的酷寒会杀死大多数物种。

挪威松的树液中含有丰富的糖类，只有在非常低的温度下才会结冰，它们还含有抗冻蛋白。

北极灯蛾毛虫在寒冷的冬天会产生一种化学物质，保护它们免受冻伤。

猫的眼睛

虹膜 晶状体 照膜 视网膜

猫的眼睛

　　进入猫眼的光线通过一层叫作视网膜的组织。视网膜能感知光线，猫就是通过视网膜看见东西的。然后，光线被一层叫作照膜的镜面层反射回来，这样光线便可以再次穿过视网膜。因此猫能够在黑暗中看得更清楚。

反光路标

你见过黑暗中的猫吗？它们的眼睛就像两盏闪闪发光的小灯泡！其实，那是因为它们的眼睛反射了光线。英国发明家珀西·肖（1890—1976年）根据这一原理发明了反光路标，帮助汽车驾驶员在黑暗中更安全地行驶。

反光道钉

在世界各地许多道路的边缘，都有安装特殊的反光道钉。汽车前灯发出的光从反光道钉后端的镜面反射回来，沿着原来的路径照到汽车上。因此，在驾驶员看来，反光道钉显得特别明亮显眼。

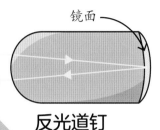

镜面

反光道钉

远程控制

我们一直在使用电。电为我们身边各种各样的设备提供动力。然而，不是只有人类才懂得用电。有些动物可以用身体放电，甚至用电来控制其他动物！

电鳗

电鳗生活在南美洲的河流中。它们能在体内储存电能，并迅速将电能释放到水中，电击猎物。

发电细胞

电是由带电荷的微小粒子运动形成的。电鳗的身体里有能够产生带电粒子的特殊细胞。带有正负电荷的粒子累积起来，就像电池的工作原理一样，电鳗随时准备攻击猎物。

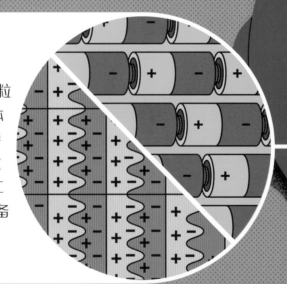

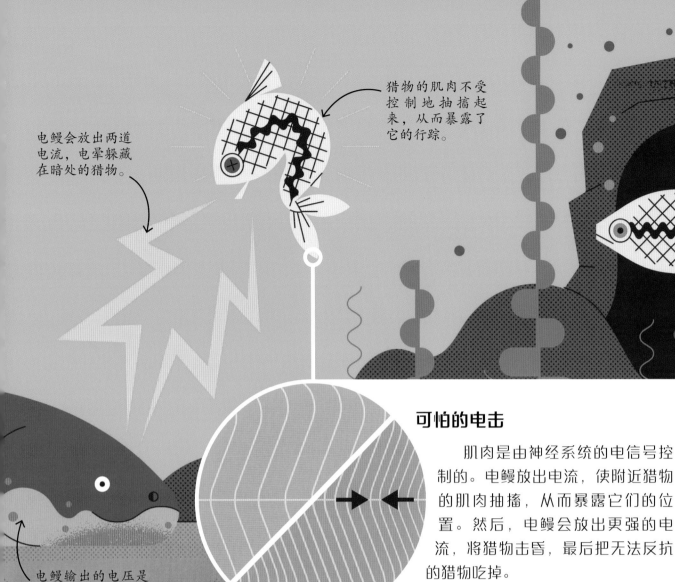

电鳗会放出两道电流，电晕躲藏在暗处的猎物。

猎物的肌肉不受控制地抽搐起来，从而暴露了它的行踪。

电鳗输出的电压是家庭用电电压的两倍多，又称为"水中的高压线"。

可怕的电击

肌肉是由神经系统的电信号控制的。电鳗放出电流，使附近猎物的肌肉抽搐，从而暴露它们的位置。然后，电鳗会放出更强的电流，将猎物击昏，最后把无法反抗的猎物吃掉。

瘫痪的猎物

其他动物的武器不是电，而是特殊的化学物质。这些化学物质利用猎物自身的生物特性，让它们无法动弹。

地纹芋螺向水中喷射胰岛素——一种能够降低血糖的化学物质。这会让过往的鱼昏昏欲睡，因此更容易被捕捉。

雌性欧洲狼蜂将一种具有麻痹性的化学物质注入蜜蜂体内。然后，它们将被麻醉的蜜蜂带回巢中，作为幼虫的美餐。

僵尸蜗牛

寄生虫生活在其他生物体内，由于它抢走了寄主（被寄生的生物）的营养，所以对寄主有害。一些寄生虫发展出了一种从一个寄主转移到另一个寄主的巧妙生活方式。

黑黄鹂

鸟类寄主　这些寄生虫在鸟类的肠道里变成成虫，交配，然后产卵。鸟类排出的粪便里充满了虫卵。

美味的小吃　蜗牛眼柄里的囊看起来像一只柔软多汁的毛毛虫。一只鸟啄掉这个囊，就会顺势吞下里面的寄生虫。

寄生蠕虫

有些寄生蠕虫，如绿带彩蚴吸虫，会在鸟类和蜗牛体内度过部分生命周期。它们遇到的难题是如何在不同的寄主之间转移。它们使用巧妙的伪装来做到这一点，甚至还会精神控制！

囊里充满了寄生虫的幼虫。

绿带彩蚴吸虫

囊会不停地跳动，看起来更像毛毛虫。

生活史

吃掉虫卵 当一只蜗牛吃掉一片被鸟粪污染的叶子，它就会不小心吃进去一些寄生虫卵。

绿带彩蚴吸虫会感染琥珀螺。即使琥珀螺的眼柄被鸟类吃掉，也还能重新长出来并再次被寄生虫入侵。有些鸟类，如欧歌鸫和黑黄鹂，吃了被感染的眼柄，就会成为寄生虫的新宿主。

琥珀螺

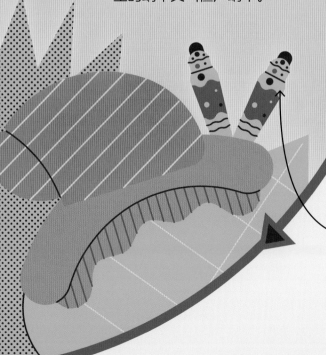

被感染的蜗牛 虫卵在蜗牛体内孵化成小蠕虫。小蠕虫进入蜗牛的眼柄，形成囊状，并在里面生长。被寄生的蜗牛又叫僵尸蜗牛。

寄生虫让蜗牛更喜欢在白天活动，因此捕食者更容易发现它。

精神控制

许多寄生虫会改变寄主的行为，以使它们更容易传播。

弓形虫只在猫的体内繁殖。但它们会感染啮齿动物，让啮齿动物不再害怕猫，这意味着它们更有可能被猫抓住吃掉。

僵尸真菌会感染蚂蚁，让它们爬上一株高高的植物。当身处高处的蚂蚁死亡时，成熟的真菌会释放出大量孢子，这些孢子像雨点一样落在其他蚂蚁身上，这些蚂蚁便会成为新的受害者。

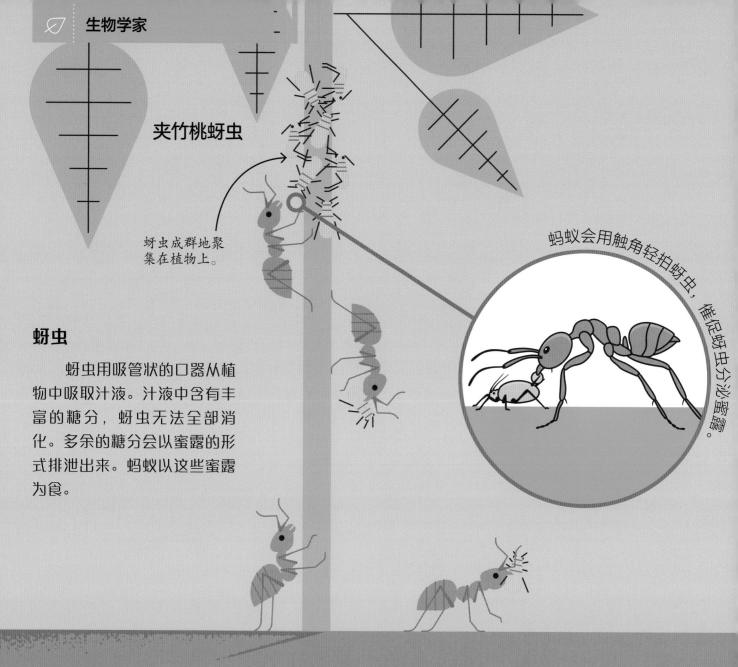

夹竹桃蚜虫

蚜虫成群地聚
集在植物上。

蚂蚁会用触角轻拍蚜虫，催促蚜虫分泌蜜露。

蚜虫

蚜虫用吸管状的口器从植物中吸取汁液。汁液中含有丰富的糖分，蚜虫无法全部消化。多余的糖分会以蜜露的形式排泄出来。蚂蚁以这些蜜露为食。

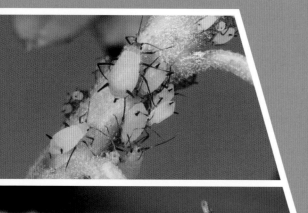

蚂蚁农夫

蚂蚁和蚜虫有着不可思议的关系。蚜虫非常擅长从植物中获取糖分，但它们无法保护自己免受捕食者的伤害。它们的解决办法是寻求蚂蚁的帮助，作为回报，蚂蚁则得到了甜甜的蜜露。

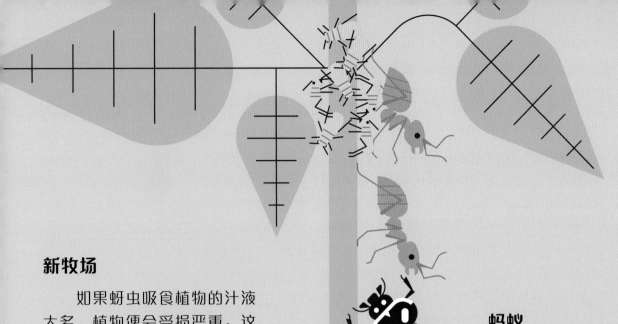

新牧场

如果蚜虫吸食植物的汁液太多，植物便会受损严重。这时候，蚂蚁会将蚜虫转移到新的植物上，这样它们就可以源源不断地产生蜜露。

蚂蚁衔着蚜虫，把它们带到新的植物上。

阿根廷蚁

集栖瓢虫

蚂蚁

与没有防御能力的蚜虫不同，蚂蚁有强壮的颚，可以攻击敌人。蚂蚁保护蚜虫，让它们免受瓢虫等捕食者的伤害。作为回报，蚜虫为蚂蚁提供蜜露。蚂蚁和蚜虫有着互惠互利的关系——它们都从中受益。

援助之手

在自然界中，两个不同的物种互相帮助的例子还有很多。

关公蟹常常会顶着一只浑身带刺的海胆。海胆的棘刺保护关公蟹不受捕食者的伤害，而海胆自己则可以搭便车前往新的觅食地。

蜜蜂为植物传粉，它们把花粉从一朵花带到另一朵花，植物才能繁殖。作为回报，花朵为蜜蜂提供了营养丰富的花蜜。

植物专家

鼠兔是一种喜欢吃植物的小型哺乳动物。有些鼠兔生活在高山上，那里的夏天郁郁葱葱，而冬天却是一片荒芜。当天气温暖时，鼠兔会储存植物，并一直保存到次年春天。不过，鼠兔是如何保存食物而不腐烂的呢？原来，它们具有植物相关的专业知识。

北美鼠兔

1 **丰盛的夏季**　夏天，三叶草和路边青茁壮生长。但是，鼠兔现在只吃三叶草，因为路边青含有一种苯酚类毒素。

2 **收获时间**　鼠兔把采集来的三叶草和路边青储藏在岩石洞穴里。这些路边青要存放几个月以后才能食用，可以一直保存到冬天。

鼠兔

鼠兔收集大量的植物来储存。三叶草是它们的最爱，但是很快就会腐烂。路边青最开始含有有毒的化学物质，但有助于长时间保持新鲜状态。

一月	二月	三月	四月
✦	✦	✦	✦
五月	六月	七月	八月
✦	✦	✦	✦
九月	十月	十一月	十二月
✦	✦	✦	✦

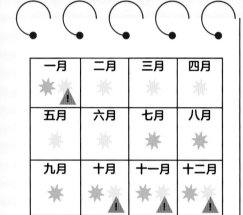

三叶草

路边青

利用植物

鼠兔并不是唯一了解植物的动物。其他动物也储存植物，甚至将其用作药物！

橡树啄木鸟在秋天收集橡子，并把橡子储存在它们精心挑选的树干上被凿出的洞里。这些储存好的橡子会在冬天被吃掉。

大猩猩会将某些植物当作药物吃掉。它们吞下一些毛茸茸的叶子，这有助于清除肠道中的寄生虫。

3

4

三个月后

秋季菜单　秋天，鼠兔开始吃储存的三叶草。此时路边青的毒性仍然太强，不能食用。另外，必须要赶在三叶草腐烂之前把它们吃完。

冬季降临　到了寒冷的冬天，三叶草已经被消耗殆尽。但现在路边青的有毒物质已经消失，可以安全食用了。这样鼠兔就能顺利过冬了。

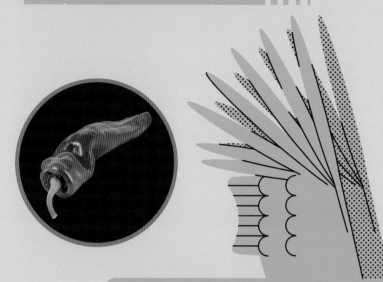

辛辣的味道

你肯定知道辣椒是很辣的！然而，鸟儿却可以尽情地享用辣椒，因为它们尝不出辣椒的辣味。这是辣椒传播种子的一种聪明的方式。

红冠亚马孙鹦鹉

鸟类感觉不到辣味，所以它们会很开心地吃掉辣椒，包括辣椒的种子。

辣椒

辣椒

辣椒的果实中含有需要传播的种子，这样才可以长出新的辣椒植株。当一只鸟吃掉辣椒，辣椒的种子不会在鸟的肠道内被破坏，而会通过鸟粪完整地排泄出来。当鸟飞走的时候，它可以把种子撒播到很远的地方，这对辣椒来说大有裨益。

鸟儿把种子完好无损地排泄出来，种子开始萌发。

鸟儿的粪便为种子提供了营养，帮助它们生长。

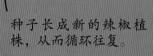

种子长成新的辣椒植株，从而循环往复。

味道不好的化学物质经常被动植物用于防御敌人。其中一些化学物质还是有毒的。

金合欢树的叶子会产生一种叫作单宁酸的化学物质。这种物质的味道不佳，因此阻止了食草动物啃食金合欢树的叶子。

黑脉金斑蝶将马利筋中的毒素储存在它们的体内。对捕食者来说，黑脉金斑蝶味道十分糟糕。

辣椒素分子触发哺乳动物舌头上的感觉神经。

黑掌蜘蛛猴

哺乳动物的舌头

辣椒中含有一种叫作辣椒素的特殊化学物质，会让哺乳动物的舌头感觉到火辣辣的疼痛。这对辣椒来说十分完美，因为哺乳动物的肠道会破坏辣椒的种子。如果辣椒被哺乳动物吃掉就无法传播种子了。而鸟的舌头感受不到辣椒素，所以鸟类感觉不到辣味，辣椒对它们来说是一道美食。

鸟喙状子弹头列车

日本的子弹头列车是世界上运行速度最快的列车之一。这就造成了一个问题，当列车穿越隧道时，由于前面的空气被移动的列车剧烈压缩，因此会发出巨大的轰鸣声。为了降低列车前方的气压，科学家开始在大自然中寻找灵感。

火车头

500系列子弹头列车通过模仿翠鸟喙的形状，能够更流畅地穿过空气。这样就防止了隧道内气压的增加，轰鸣的噪声也随之减小了。

气流

隧道中的子弹头列车

翠鸟喙

  翠鸟是本领高强的潜水运动员，它们把喙扎入水中捕鱼。翠鸟的喙形状特殊，可以减少水流的影响。翠鸟扎入水中时，几乎不会溅起水花，它的速度也不会下降太多。

翠鸟扎入水中

水流

织网大师

蜘蛛是大师级的建筑工程师。它们织出的精细的蛛网几乎看不见，却非常结实。蜘蛛成功的秘诀是它能产生不同种类的蛛丝，每种都有不凡的特性——从弹性到黏性。

一根长度能够缠绕地球一周的蜘蛛丝，重量只相当于一罐饮料！

蛛网

有些蜘蛛使用蛛丝的方式不同寻常。富有弹性的蛛丝成为它们捕捉猎物的理想工具。

鬼面蜘蛛织完一张蛛网，然后用前足撑起蛛网，随时准备出击。当猎物经过附近时，它便迅速将蛛网撒在猎物身上。

弹弓蜘蛛把蛛网和自己一起像橡皮筋一样朝猎物射去，紧紧抓住猎物，然后利用有弹性的丝把自己拉回来。

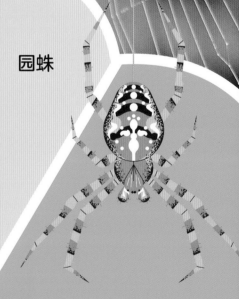

园蛛

蜘蛛

蜘蛛结网是为了捕捉昆虫。蜘蛛可以根据不同的用途，产生不同种类的蛛丝。有些丝更结实，能把蛛网撑起来；有些丝具有黏性，能帮助捕捉猎物。

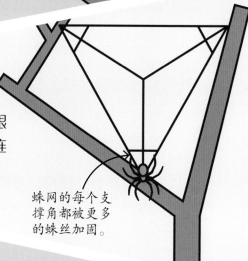

步骤1

　　蜘蛛用结实的蛛丝搭建蛛网的框架。首先，它在两个支撑物之间拉一根水平的<u>丝</u>，然后，下面再拉一根更长的丝。

步骤2

　　更长的那根丝被第三根垂直的丝拉下来。这三根丝连接起来形成一个三角形框架。

蛛网的每个支撑角都被更多的蛛丝加固。

步骤3

　　接下来，从蛛网的中心向三角形边缘添加辐射状丝。

步骤4

　　然后，蜘蛛由内向外移动，织出螺旋状的富有弹性的丝，作为最后一步的导丝。

步骤5

　　最后，蜘蛛从外向内移动，拉出另一条螺旋状丝。这条线是由两根丝组成的：一根构成支架；另一根具有黏性，用来捕捉飞虫。

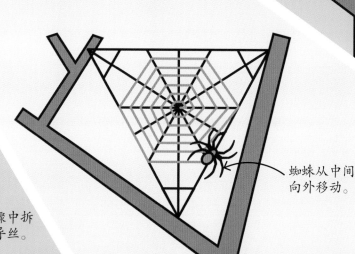

蜘蛛从中间向外移动。

在这一步骤中拆掉螺旋状导丝。

昆虫齿轮

早在人类懂得发明创造之前，动植物就已经出现了绝妙的构造。你也许见过自行车的齿轮——我们过去认为齿轮在自然界中是不存在的，但有一种小昆虫一直在利用齿轮结构来跳跃。

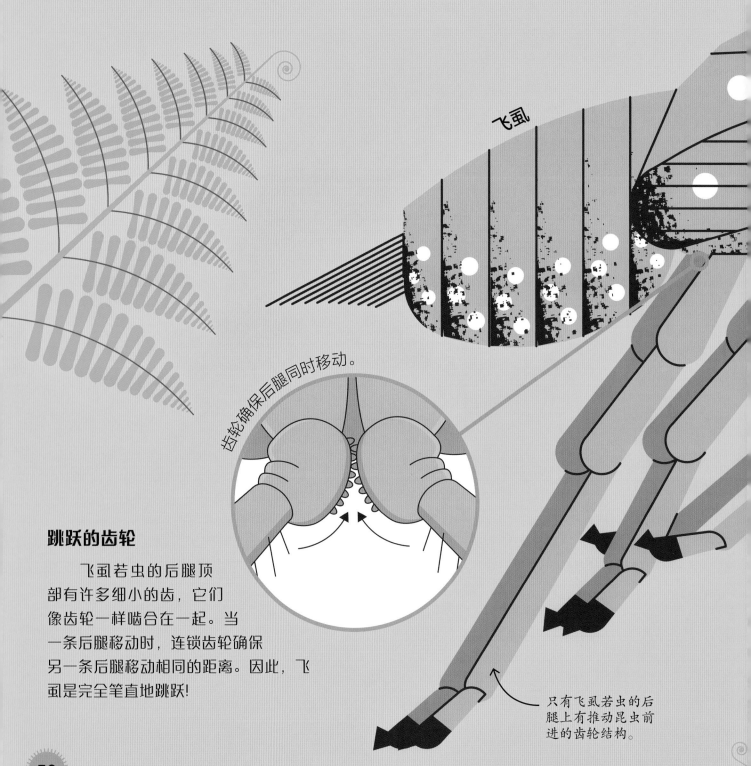

飞虱

齿轮确保后腿同时移动。

跳跃的齿轮

飞虱若虫的后腿顶部有许多细小的齿，它们像齿轮一样啮合在一起。当一条后腿移动时，连锁齿轮确保另一条后腿移动相同的距离。因此，飞虱是完全笔直地跳跃！

只有飞虱若虫的后腿上有推动昆虫前进的齿轮结构。

飞虱

飞虱吸食植物里面富含糖分的汁液。为了便于移动，它们用强有力的后腿跳跃。其中的关键在于，只有两条后腿同时蹬开，它们才能垂直起跳。飞虱若虫用齿轮结构解决了这个问题。

飞虱并不是唯一一种懂得利用机械的生物。聪明的动物发明家能够使用从杠杆到马达的各种工具。

红袋鼠的长腿就像杠杆一样。强壮的腿部围绕脚踝转动，使它们跳得更远。

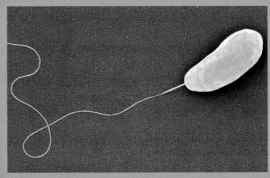

细菌常常长有鞭毛——这是一种细长的尾巴状结构，帮助细菌移动。鞭毛的运转方式，就像细菌体内的发动机带动的螺旋桨。

与若虫不同的是，飞虱成虫没有齿轮结构。这是因为若虫可以通过蜕皮修复受损的齿轮结构；而如果齿轮坏了，对成虫来说就没用了。

群居织巢鸟

动物建筑师

　　大自然中充满了建筑师。动物建造家园是为了提供庇护和保护家庭。群居织巢鸟就是一个很好的例子，它们一起用树枝和草建造出了巨大的共享巢穴。

群居织巢鸟

　　群居织巢鸟生活在非洲南部，那里冬天寒冷，夏天酷热。这些鸟儿聚集在一起筑巢，巨大的巢穴里面有很多小房间，冬暖夏凉。

动物用各种天然材料筑巢，如植物和泥土。坚固的巢穴能够保护它们免受恶劣天气的侵害。

白蚁生活在巨大的蚁穴里。它们在巢穴内建造了一个巧妙的通风系统，在炎热的阳光下，巢穴内依然能够保持凉爽。

美洲鳄会筑巢，就像鸟类一样。它们把腐烂的植被堆得高高的，这样巢穴就会一直保持温暖。

保暖

每个群居织巢鸟家庭在巨巢内部都拥有自己的房间。但最好的房间位于中心，由于周围的房间能起到隔热和保温作用，这里可以保持稳定的温度。

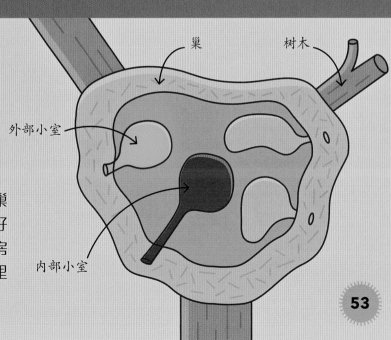

巢
树木
外部小室
内部小室

建筑师河狸

河狸非常勤劳。它们会根据自己的需求重塑地貌。河狸用坚固的牙齿啃断树木，然后将这些被啃倒的木头拖到河流里，用来建造水坝。最后，河狸就拥有了自己的私人湖泊。

河狸的门牙是橘红色的，因为它的牙齿中含有大量的铁元素！

形成湖泊

为了建造家园，河狸一家必须先在河流上建一座水坝。水坝挡住了河水，河水淹没了水坝上游的地区。然后，河狸在新形成的湖泊里建造巢穴，用于居住。

水坝修建之前

河水自由流动。河狸在河流上建造了一座水坝。

河狸

　　河狸家庭在河流上建造水坝，使得河流上游蓄水并形成湖泊。水生的河狸便可以在被淹没的森林里自如游动，收集树枝和树皮来吃，而不受捕食者的伤害。

美洲河狸

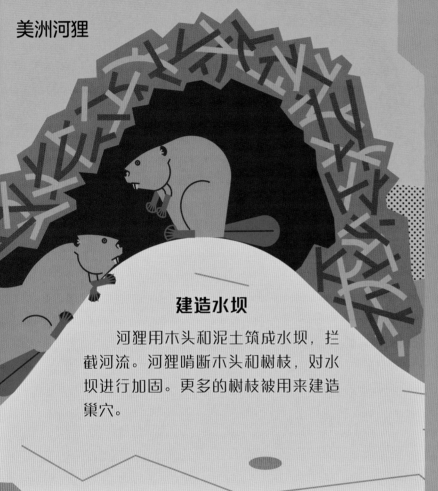

建造水坝

　　河狸用木头和泥土筑成水坝，拦截河流。河狸啃断木头和树枝，对水坝进行加固。更多的树枝被用来建造巢穴。

改变地貌

　　河狸并不是唯一一种能显著改变环境的生物。

　　草原蚁在地面上很少见。它们在土堆里筑巢，巢穴甚至可以覆盖整片山丘上的草地。

　　森林里高大的乔木在阳光到达地面之前就将其吸收。这改变了林下层的环境，使得其他植物难以生长。

　　河狸建造了一个巢穴，住在里面。巢穴的入口位于水下，以防止捕食者入侵。

　　水坝是用树枝和泥土建成的。

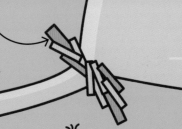

　　水坝修建之后　河水被水坝阻挡，在上游形成了一片湖泊。河狸随后建造了一个巢穴。

追踪式太阳能电池板

太阳能电池板将太阳光的光能转化为电能。当阳光直接照射时，电池板的工作效率最高。随着太阳在一天中由东向西移动，树叶也会跟随太阳运动，这样能接收更充足的阳光来制造养分。每片叶子通过缓慢倾斜茎干来跟随太阳的轨迹而调整自己的位置。现在有些太阳能电池板也能做到这一点。

棉花叶片

棉花叶柄背阴面一侧的细胞的体积更大，这使得叶片朝向阳光伸展。细胞通过吸收或者排出水分，达到膨胀或收缩的效果。

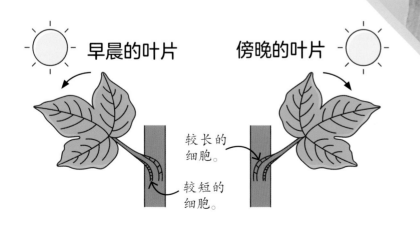

早晨的叶片　　　傍晚的叶片

较长的细胞。

较短的细胞。

太阳能电池板

就像棉花的叶子一样，太阳能电池板也能转动。通过发动机的带动，太阳能电池板全天从东到西追踪太阳的位置。因此它们可以更好地接收阳光，从而产生更多的电力。

西方蜜蜂

正六边形

具有六条相等的边和六个相等的内角的图形叫作正六边形，正六边形有着非常特殊的数学性质。蜜蜂知道正六边形的秘密，因此它们把自己的家园建造为这种形状。

蜜蜂

成年蜜蜂制造蜂巢来储存蜂蜜，以及养育蜜蜂幼虫。蜂巢是用蜂蜡制成的许多个正六边形巢室组成的。

重复的图形

你可以在自然界中找到很多不同的图形。六边形是一种常见的形状，因为这种形状的结构可以将物体有效地结合在一起。

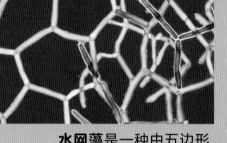

水网藻是一种由五边形和六边形藻体连接成的网状绿藻群落。

昆虫的复眼是由许多微小的六边形小眼组成的。

六边形的秘密

蜜蜂把蜂巢建造成一个个正六边形，这是因为正六边形可以严丝合缝地组合在一起。正方形和三角形也可以组合在一起，但是同样大小的这些形状需要耗费更多的蜂蜡。

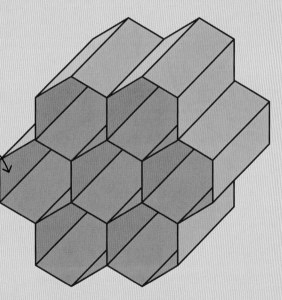

六棱锥的巢室可以和邻近的巢室共用巢壁，十分节省蜂蜡。

巢室的底部是由3个全等的菱形面组成的，每个巢室的菱形角度都一模一样，这种结构可以消耗最少的蜂蜡，建成最大的六棱锥。

会数数的蝉

有一类昆虫被称为"周期蝉"，它们的生命周期不同寻常。这些蝉会在地下潜伏数年，然后成群结队地钻出地面。它们这样做是为了确保至少有一些个体能存活下来，因为很多动物都将蝉视为美味佳肴。

紫翅椋鸟

鸟类是成年蝉的捕食者，如紫翅椋鸟。

蝉的若虫以树根里富含糖分的汁液为食。

十七年蝉

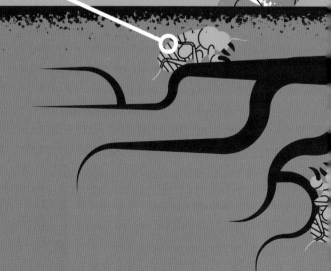

灰松鼠

许多哺乳动物，包括灰松鼠，也加入了这场以蝉为美食的盛宴。

质数

13和17都是质数，它们不能被除了1之外、小于自身的自然数整除。科学家认为，蝉在地下生活的质数年份意味着它们出现在地面上的时间能够与生命周期较短的捕食者错开，因此保证了自己的安全。

避开死亡

蝉是数学大师——能运用质数的动物并不多见。然而，有些动物确实会用改变它们的活动时间的方法来躲避捕食者。

梅氏更格卢鼠一般不在满月时外出寻找食物，因为夜行捕食者在明亮的月光下更容易发现它们的踪迹。

周期蝉

周期蝉的若虫在地下要待13年或17年的时间。随后，它们破土而出，成群地出现在地上，羽化为成虫，进行交配和产卵。成虫的寿命只有几周。蝉群吸引了很多饥肠辘辘的捕食者。

带着幼崽的白尾鹿在白天觅食，而不是在黎明和黄昏，这样可以避免郊狼攻击它们的幼崽。

杀蝉泥蜂

杀蝉泥蜂将卵产在成年蝉体内，虫卵孵化后，幼虫便以蝉为食。

年复一年

十七年蝉每隔17年出现一次。若虫怎么知道17年过去了？没有人能肯定，但是它们也许可以依靠赖以为生的树根汁液每年的变化来推测。

倒计时的杀手

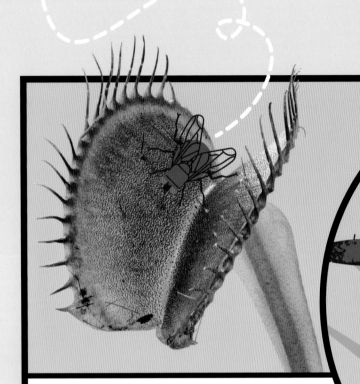

1

苍蝇降落 捕蝇草的捕虫叶片边缘长着刺状的毛，两片叶子合拢后可以困住苍蝇。它的气味闻起来像水果，以此来吸引苍蝇。

触碰感觉毛 每片捕虫叶里有六根感觉毛。如果一根感觉毛被触碰了一下，什么也不会发生——因为捕蝇草知道，那可能只是一滴雨。

数一数

对捕蝇草来说，计算感觉毛被触碰的次数是一种巧妙的捕虫方法，但其他动物也很擅长计算。

非洲野犬会"投票"决定何时去打猎。它们"投票"的方式是打喷嚏！

狮子通过传来的咆哮声判断邻近的狮群中狮子的数量。

捕蝇草是一种食虫植物——它们能吃掉小虫子。当苍蝇落在捕蝇草的捕虫叶片上时，叶片会合拢，苍蝇便无法逃脱。捕蝇草怎么知道是一只苍蝇而不是一滴雨水落在它身上呢？这一切都与数学有关。

捕蝇草

捕蝇草大多生长在土壤贫瘠的地区。为了获得宝贵的营养，它们捕食小昆虫。捕蝇草通过感觉毛被触碰的次数来感知猎物。

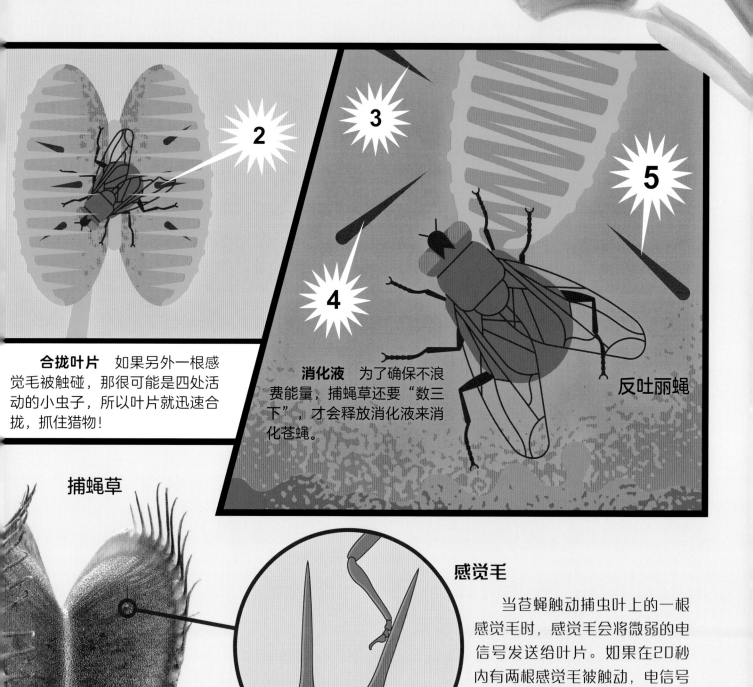

合拢叶片 如果另外一根感觉毛被触碰，那很可能是四处活动的小虫子，所以叶片就迅速合拢，抓住猎物！

消化液 为了确保不浪费能量，捕蝇草还要"数三下"，才会释放消化液来消化苍蝇。

反吐丽蝇

捕蝇草

感觉毛

当苍蝇触动捕虫叶上的一根感觉毛时，感觉毛会将微弱的电信号发送给叶片。如果在20秒内有两根感觉毛被触动，电信号就会使叶片合拢，困住猎物。

向日葵数列

自然界中有很多奇妙的图案，如斑马的条纹或蜘蛛网。有些图案遵循数学规则。向日葵有美丽的螺旋状花盘，遵循特定的数字序列。

向日葵

向日葵

向日葵大大的花盘并不是一朵花，而是由许多很小的花组成的。花盘中心的数百朵花，每朵花都可以结出一粒种子。这些小花紧紧地挤在一起，一点儿也没有浪费空间。

花瓣的数量遵循斐波那契数列，这朵向日葵有34片花瓣。

斐波那契数列在自然界中随处可见，因为许多动植物都需要最有效地利用空间。

松果的鳞片以斐波那契螺旋线排列。与向日葵一样，这种结构帮助它们在相同的面积上储存最多的种子。

罗马花椰菜的花球由许多小花球组成。这些小花球由更小的小花呈螺旋状排列而成！

花序在两个方向呈螺旋状排列。

斐波那契数列

　　如果你数一数向日葵花盘上螺旋线的数量，你会发现总是以下数字之一：1，1，2，3，5，8，13，21，34，55……从第三项开始，每一项都等于前两项之和，被称为斐波那契数列，该命名源于意大利数学家斐波那契(1170—1250年)。这种结构使向日葵有效地利用了空间。

防水材料

　　发明家已经研制出了具有类似莲叶的防水性能的织物。在这种织物上覆盖着许多小突起，就像荷叶表层一样。用这种织物做的衣服不容易被弄脏，只需要用水一漂，脏东西就会轻轻松松被冲走啦!

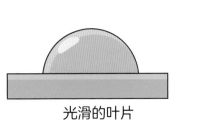

光滑的叶片

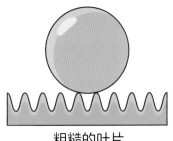

粗糙的叶片

莲叶

大多数叶子表面覆盖着一层薄薄的植物蜡，具有疏水性。莲叶的表面还长有微小的突起，因此具有超强的防水性能。这些突起使水与莲叶的接触面积变小，因此水就不容易附着在莲叶表面上，而是会滚落下来。

保持干爽

你有没有注意到水是有黏性的？例如，下雨的时候，你会看到水滴粘在玻璃窗上。有些植物，如睡莲，已经找到了方法来避免水的黏性，这样水滴就会从它们身上滚落，而它们的叶子也会保持干燥。

术语表

保护色
动物皮毛、鳞片、羽毛或皮肤上的图案和颜色，帮助动物融入周围环境，以防敌害发现。

表面张力
水等液体会产生使表面尽可能缩小的力。

传粉者
为植物传播花粉的动物。

仿生学
研究生物体的结构与功能并以此受启发而产生新发明的学科。

斐波那契数列
这样一个数列：1, 1, 2, 3, 5, 8, 13, 21, 34……从第三项开始，每一项都等于前两项之和。该数列由数学家斐波那契发现。

分子
组成物质的一种微小结构，是保持物质物理、化学特性的最小单元。

风琴折
类似手风琴的波纹管式折叠。

隔热、保温
阻止热量传入或传出。

工程学
研究机械、建筑和物体结构等概念的学科。

花蜜
花朵产生的富含糖分的液体，用来吸引传粉者。

化学
研究化学物质和化学反应的学科。

化学物质

任何有特定分子标识的有机物质或无机物质。

回声定位

某些动物能通过口腔或鼻腔把从喉部产生的超声波发射出去，利用折回的声音来进行空间定位。

甲壳类动物

一类体表具有几丁质外壳的无脊椎动物，包括螃蟹、虾和藤壶等。

晶体

矿物的天然结晶。

抗冻蛋白

提高生物抗冻能力的蛋白质。

科学家

研究物理、化学、生物等领域的学者。

领地

由一只或一群动物守护的区域。

落叶树

每年在冬季或者旱季，叶片掉落的树。

蜜露

蚜虫分泌的一种富含糖分的液体，蚂蚁很爱吃。

摩擦力

两个物体表面接触时，由于表面粗糙而产生的阻碍物体相对运动的力。

迁徙

动物定期前往其他区域寻找食物或繁殖后代。

若虫

不完全变态昆虫的幼虫。

声波

声波是一种机械波，由物体（声源）振动产生。

生物学

研究生物的学科。

疏水

水不容易黏附在物体表面。

数学

研究数量、运算、图形等概念的学科。

弹性能量

储存在弹性物体中的能量，如橡皮筋拉伸时就具有弹性能量。

图灵模式

生物体的图案和形状的发展模式，如斑马身上的条纹。由科学家艾伦·图灵提出。

物理学

研究物质最一般的运动规律和物质基本结构的学科。

物种

能够产生具有繁殖能力的后代的生物类群。

细胞

生物体的基本组成单位。大多数生物都是由细胞构成的，有些生物含有许多细胞，有些则只有一个细胞。

细菌

一类构造简单的单细胞生物体。

腺体

人或动物体内分泌特殊化学物质的结构。

星系

由数量巨大的恒星、行星和其他宇宙物质组成的运行系统。

夜行性

夜间外出活动。

幼虫

某些动物孵化后的未成年阶段。

藻类

主要生活在水中的类植物生物体，能进行光合作用。

照膜

某些动物（比如猫）眼睛后部的反光层。

质数

不能被除了1之外、小于自身的自然数整除。

致谢

The publisher would like to thank the following people for their assistance in the preparation of this book: Caroline Hunt for proofreading and Helen Peters for the index.

Steve Mould would like to dedicate this book to his Dad, Roger Mould.

The publisher would like to thank the following for their kind permission to reproduce their photographs:

(Key: a-above; b-below/bottom; c-centre; f-far; l-left; r-right; t-top)

4 Alamy Stock Photo: Greg Forcey. **8 Alamy Stock Photo:** imageBROKER / Marko von der Osten (t). **9 Alamy Stock Photo:** blickwinkel / W. Layer (cra); Paulo Oliveira (cr); imageBROKER / Marko von der Osten (c). **10 iStockphoto.com:** JanMiko (bl). **11 Alamy Stock Photo:** Kim Taylor / naturepl.com (cr); Amelia Martin (cra). **13 Alamy Stock Photo:** Steve Hellerstein (cra); Nature Photographers Ltd (cr). **14 Alamy Stock Photo:** imageBROKER / Norbert Probst (tr). **15 Alamy Stock Photo:** blickwinkel (cra); Helmut Corneli (cr). **16 Alamy Stock Photo:** AGAMI Photo Agency / Theo Douma (r). **17 Alamy Stock Photo:** imageBROKER / SeaTops (cr). **naturepl.com:** Thomas Marent (br). **18-19 123RF.com:** sara tassan mazzocco. **19 Alamy Stock Photo:** Abstract Photography (cr); Panther Media GmbH (cra). **20-21 Dreamstime.com:** Sarah2. **21 Alamy Stock Photo:** Mark Conlin (bc); Reinhard Dirscherl (br). **22-23 Science Photo Library:** Pascal Goetgheluck (shark skin); Ted Kinsman. **24 Alamy Stock Photo:** National Geographic Image Collection / Steve WinterDate (bc); Panther Media GmbH / gabriella (br). **24-25 Dreamstime.com:** Lano Angelo (c). **26 Alamy Stock Photo:** Gerry Bishop (br). **iStockphoto.com:** CreativeNature_nl (bc). **26-27 Alamy Stock Photo:** Reynold Sumayku. **27 Alamy Stock Photo:** Matthew Ferris (b). **28 Dreamstime.com:** Jesada Wongsa (cl). **Science Photo Library:** Wim Van Egmond (ca). **29 iStockphoto.com:** avagyanlevon (cra); Cathy Keifer (cr). **30 naturepl.com:** Nature Production (cra). **31 Dreamstime.com:** Geoffrey Kuchera (bc). **32 Getty Images:** Doug Allan / Oxford Scientific (tl). **33 Alamy Stock Photo:** blickwinkel / Kaufung (bc); Galaxiid (br). **34-35 123RF.com:** Vitaliy Parts. **Alamy Stock Photo:** Studio Octavio (cat eye reflector). **37 Alamy Stock Photo:** Helmut Corneli (bc).

iStockphoto.com: Henrik_L (br). **38 Alamy Stock Photo:** Frank Hecker (bl). **39 Alamy Stock Photo:** Morley Read (crb). **Dreamstime.com:** Ileana - Marcela Bosogea - Tudor (cr). **40 Alamy Stock Photo:** Nigel Cattlin (clb); WildPictures (bl). **41 Alamy Stock Photo:** RGB Ventures / SuperStock (bc). **iStockphoto.com:** schnuddel (br). **42 Alamy Stock Photo:** Greg Forcey. **43 Alamy Stock Photo:** Drake Fleege (c); Nature and Science (cl); William Leaman (tr). **iStockphoto.com:** Richard Gray (cr). **44 Alamy Stock Photo:** steven gillis hd9 imaging (tl). **45 Alamy Stock Photo:** Natalia Kuzmina (tr); David Wall (tc). **46-47 4Corners:** Isao Kuroda / AFLO / 4Corners (bridge). **Dreamstime.com:** Amreshm. **48 Dreamstime.com:** Peter Waters (clb). **naturepl.com:** Emanuele Biggi (bl). **48-49 Dreamstime.com:** Kviktor (c). **51 Alamy Stock Photo:** age fotostock / Carlos Ordoñez (b). **Getty Images:** Freder (cra). **Science Photo Library:** Steve Gschmeissner (cr). **52-53 Alamy Stock Photo:** jbdodane. **53 Alamy Stock Photo:** Volodymyr Burdiak (cra). **Getty Images:** R. Andrew Odum / Photodisc (cr). **54 Dreamstime.com:** Jnjhuz (bl). **55 Alamy Stock Photo:** Derek Croucher (cr); Steve Taylor ARPS (tr). **56-57 123RF.com:** Kampan Butsho (solar panel). **Alamy Stock Photo:** Design Pics Inc / Debra Ferguson / AgStock. **59 Alamy Stock Photo:** Luciano Richino (cra); M I (Spike) Walker (ca). **61 Alamy Stock Photo:** Clarence Holmes Wildlife (c); Fred LaBounty (cr); Rick & Nora Bowers (cra). **62 iStockphoto.com:** Tommy_McNeeley (br); Utopia_88 (bc). **63 iStockphoto.com:** de-kay (tr). **64-65 iStockphoto.com:** GA161076 (c). **66-67 Dreamstime.com:** Phakamas Aunmuang (Dew drop). **Science Photo Library:** Pascal Goetgheluck

Cover images: *Front:* **Alamy Stock Photo:** vkstudio bc; **Getty Images:** Jeroen Stel / Photolibrary tc; *Back:* **Alamy Stock Photo:** Greg Forcey bl.

All other images © Dorling Kindersley
For further information see: www.dkimages.com